筑境

中国精致建筑100

1 建筑思想

风水与建筑
礼制与建筑
象征与建筑
龙文化与建筑

2 建筑元素

屋顶
门
窗
脊饰
斗栱
台基
中国传统家具
建筑琉璃
江南包袱彩画

3 宫殿建筑

北京故宫
沈阳故宫

4 礼制建筑

北京天坛
泰山岱庙
闾山北镇庙
东山关帝庙
文庙建筑
龙母祖庙
解州关帝庙
广州南海神庙
徽州祠堂

5 宗教建筑

普陀山佛寺
江陵三观
武当山道教宫观
九华山寺庙建筑
天龙山石窟
云冈石窟
青海同仁藏传佛教寺院
承德外八庙
朔州古刹崇福寺
大同华严寺
晋阳佛寺
北岳恒山与悬空寺
晋祠
云南傣族寺院与佛塔
佛塔与塔刹
青海瞿昙寺
千山寺观
藏传佛塔与寺庙建筑装饰
泉州开元寺
广州光孝寺
五台山佛光寺
五台山显通寺

6 古城镇

中国古城
宋城赣州
古城平遥
凤凰古城
古城常熟
古城泉州
越中建筑
蓬莱水城
明代沿海抗倭城堡
赵家堡
周庄
鼓浪屿
浙西南古镇廿八都

中国精致建筑100

唐模水街村

江永平　撰文/摄影

中国建筑工业出版社

出版说明

中国是一个地大物博、历史悠久的文明古国。自历史的脚步迈入新世纪大门以来，她越来越成为世人瞩目的焦点，正不断向世人绽放她历史上曾具有的魅力和光辉异彩。当代中国的经济腾飞、古代中国的文化瑰宝，都已成了世人热衷研究和深入了解的课题。

作为国家级科技出版单位——中国建筑工业出版社60年来始终以弘扬和传承中华民族优秀的建筑文化，推动和传播中国建筑技术进步与发展，向世界介绍和展示中国从古至今的建设成就为己任，并用行动践行着“弘扬中华文化，增强中华文化国际影响力”的使命。从20世纪80年代开始，中国建筑工业出版社就非常重视与海内外同仁进行建筑文化交流与合作，并策划、组织编撰、出版了一系列反映我中华传统建筑风貌的学术画册和学术著作，并在海内外产生了重大影响。

“中国精致建筑100”是中国建筑工业出版社与台湾锦绣出版事业股份有限公司策划，由中国建筑工业出版社组织国内百余位专家学者和摄影专家不惮繁杂，对遍布全国有历史意义的、有代表性的传统建筑进行认真考察和潜心研究，并按建筑思想、建筑元素、宫殿建筑、礼制建筑、宗教建筑、古城镇、古村落、民居建筑、陵墓建筑、园林建筑、书院与会馆等建筑专题与类别，历经数年系统科学地梳理、编撰而成。本套图书按专题分册，就其历史背景、建筑风格、建筑特征、建筑文化，结合精美图照和线图撰写。全套100册、文约200万字、图照6000余幅。

这套图书内容精练、文字通俗、图文并茂、设计考究，是适合海内外读者轻松阅读、便于携带的专业与文化并蓄的普及性读物。目的是让更多的热爱中华文化的人，更全面地欣赏和认识中国传统建筑特有的丰姿、独特的设计手法、精湛的建造技艺，及其绝妙的细部处理，并为世界建筑界记录下可资回味的建筑文化遗产，为海内外读者打开一扇建筑知识和艺术的大门。

这套图书将以中、英文两种文版推出，可供广大中外古建筑之研究者、爱好者、旅游者阅读和珍藏。

目录

唐模水街村

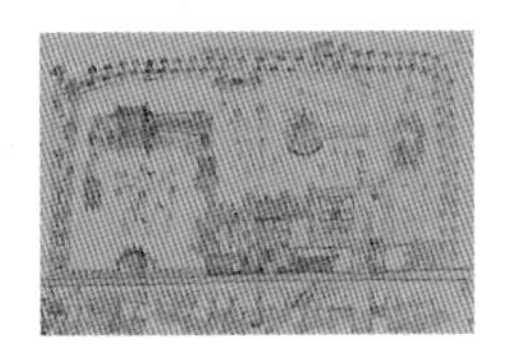

黄山，地处安徽南部，这一带古称新安，后为徽州，1988年7月正式成立黄山市，辖三区四县和黄山风景区。三区四县是屯溪区（原屯溪市）、徽州区（原歙县岩寺镇）、黄山区（原太平县）和歙县、休宁县、黟县及祁门县，总面积9807平方公里，人口140万，市政府设在屯溪。

黄山古名黟山，因峰岩青黑、远望苍黛而得名，相传为轩辕黄帝“栖真之地”，唐天宝年间敕为“黄山”。黄山区内山脉纵横，奇峰竞秀，云腾雾缭，气象万千，以奇松、怪石、云海出于其他山岳之上，有“五岳归来不看山，黄山归来不看岳”的美誉。黄山方圆1200平方公里，是我国十大风景名胜之一，也是世界著名的山岳风景游览和避暑胜地，1990年被联合国教科文组织世界遗产委员会确定为世界文化和自然遗产，列入“世界遗产名录”。

徽州文化，具有浓厚的乡土气息，是中国江南文化的重要代表。它在社会经济、宗氏家族、民俗民风到绘画、篆刻、建筑、雕刻、盆景等艺术方面都形成了自己的体系和风格，有徽派之称，沿袭并影响至今。徽州文化的形成与传统儒学倡导教育是分不开的，这里自古学风昌盛，

图0-1 黄山市示意图

黄山市位于安徽省的南部，历史上属徽州。唐模属徽州区，与棠樾村为邻。黄山市交通便利，有汽车、火车与飞机航班通达。

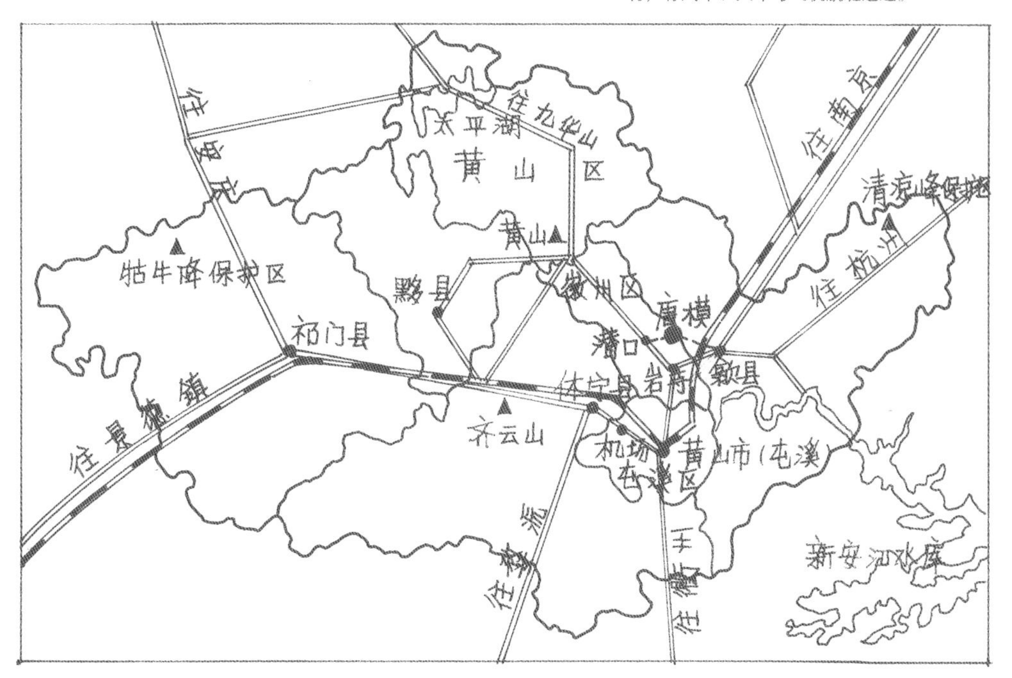

“十家之村，不废诵读”，“几百年人家无非积善，第一等好事只是读书”的古训至今犹存。自古徽州多名士，如程朱理学创始人程颐、程颢、朱熹的祖籍为徽州，近代的教育家陶行知，国画大师黄宾虹，学者胡适均出于徽州。而历史上的状元、进士、举人更是不胜枚举。

徽州文化的形成和发展，有赖于徽商经济的崛起，历史上徽州商人，泛指徽州府所辖歙县、休宁、祁门、黟县、绩溪和婺源六县经商之人。南宋时期偏都临安（今杭州），政治经济南移，徽州位于东南苏浙中心地区，扼南北要冲，受中原文化的影响，商业经济得到了很大的发展。明代嘉靖到清代乾隆时期为徽商经济的顶峰，经营范围无所不包，徽商行迹“几半宇内”，以致有“无徽不成镇”的说法，明清小说对此多有深刻的描绘。徽商始于南宋，清末衰落，历经六百年，称雄三百年，在中国的明清经济中占有重要地位。

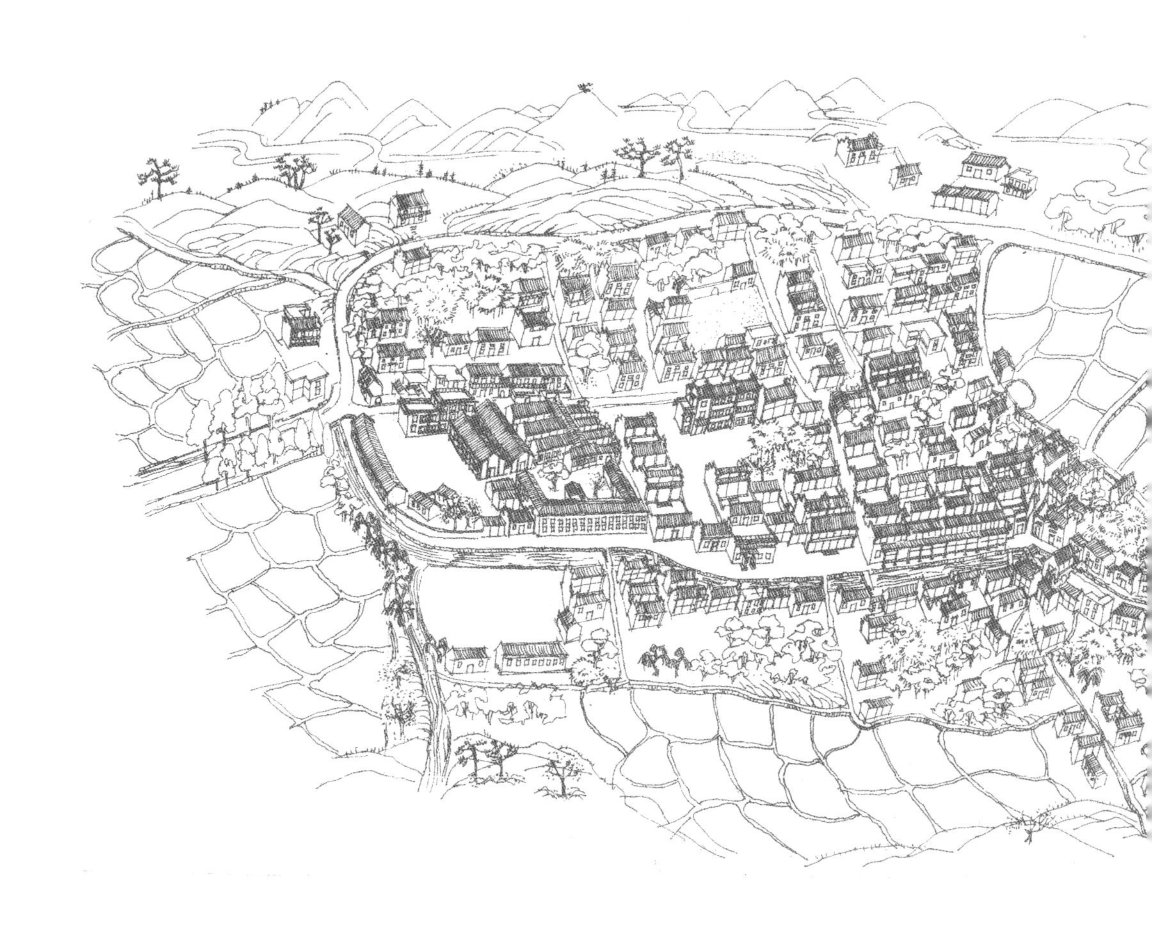

图0-2 从村东看唐模村

唐模村周围地势开阔，阡陌纵横，绿荫葱茏，远处黄山余脉可见，近处溪水环绕。图中白色建筑是位于村口茶厂的住宅，背后的村庄掩隐在绿树丛中。

图0-3 唐模村鸟瞰图

这是唐模村现状的鸟瞰图，表现了全村的环境和概貌。它是作者在调查的基础上所作，表现的村落从村东沙堤亭开始到村西的出口潜唐公路结束。

明清以来，经济的活跃，徽商的发迹，带来了家乡的变化和富裕。徽商少小离家，老大方回，腰缠万贯，衣锦返乡，在家乡大兴土木、修路筑桥、兴办学校、建造书院、修缮祠堂、树立牌坊，以光宗耀祖，壮大宗族，形成了我国明清时期的徽州建筑和徽派建筑风格，影响江浙东南，在我国明清建筑史中据一席之地。时至今日，这一带仍保存了众多的古村落和古民居，它以规模宏伟、造型独特、结构精巧与雕刻细致见长，将人工的建筑融入自然，把人文景观与山水环境结合起来，成为富有生命力，历数百年而不衰的徽派建筑。

在山水的环抱中，位于黄山下的村落形成了良好的生活环境，村落的格局和规划受风水理论的影响，各显特色，有"民居博物馆"之称的黟县西递村，村内街道曲折，像个迷宫，现存明清古民居百余幢；有牛形建筑群的宏村，牛肠般的水渠，流经村中如牛小肚的半月塘，再注入村前牛大肚——南湖；有以牌坊见长的棠樾村，村口保存显示封建的忠、孝、节、义牌坊七座；更有以水街称著的唐模村。

唐模，人称水街村，位于黄山南面徽州区内。西距黄山南入口潜口村5公里，南距岩寺古镇3.5公里，东距歙县县城10公里，与著名的徽州牌坊村棠樾为邻。唐模村庄周围，地势开阔，背枕黄山，远眺新安江，是一个山清水秀的好居处。溪水檀干自西向东穿村而过，村民面溪而居，临溪筑街，长廊覆盖，融自然的山水与人工的建筑为一体。这条水街在徽州山区村庄中甚为罕见，唐模也因此水街而闻名，人们习惯把唐模称为"水街村"，它已成为徽州村落中的一颗明珠。

一、一个深厚的感情世界

唐模始建于唐，并初具规模。唐武宗时，约公元842年左右，徽州汪氏五十五世祖汪思立从绩溪迁入此地，为唐模建村之始。相传当初汪氏为选择村址，于二处分别栽植银杏一株，视其生长，以决定村落的位置。其中一株成长茁壮，果实累累，生机盎然，汪氏视为吉兆，遂定居于此，住处号“宗汪”，并在入口处建门廊，题额“颍川世泽”。这株为唐模历史见证的千年银杏，枝叶繁茂，盘根错节，树干直径2.2米，树高约20米，树冠遮阴亩半，时至今日仍年年结果，村民视其为村庄的根，为保护它，在古树的周围砌筑了矮墙。

继汪氏以后吴姓也迁居此处湿衔，与“宗汪”毗邻，同居于檀干溪的南岸，沿河尚有古井一口，井圈上镌刻“宗汪古井”，与此同时，另一程姓亦在唐模落户，汪、吴、程三姓成为唐模村早期的三大家族。

图1-1 古银杏树

古银杏位于水街南面的“宗汪”，它是唐模村始祖汪思立唐代从绩溪迁入此地所植，至今已有千年历史，成为唐模村的历史见证，至今枝叶茂盛，年年结果。

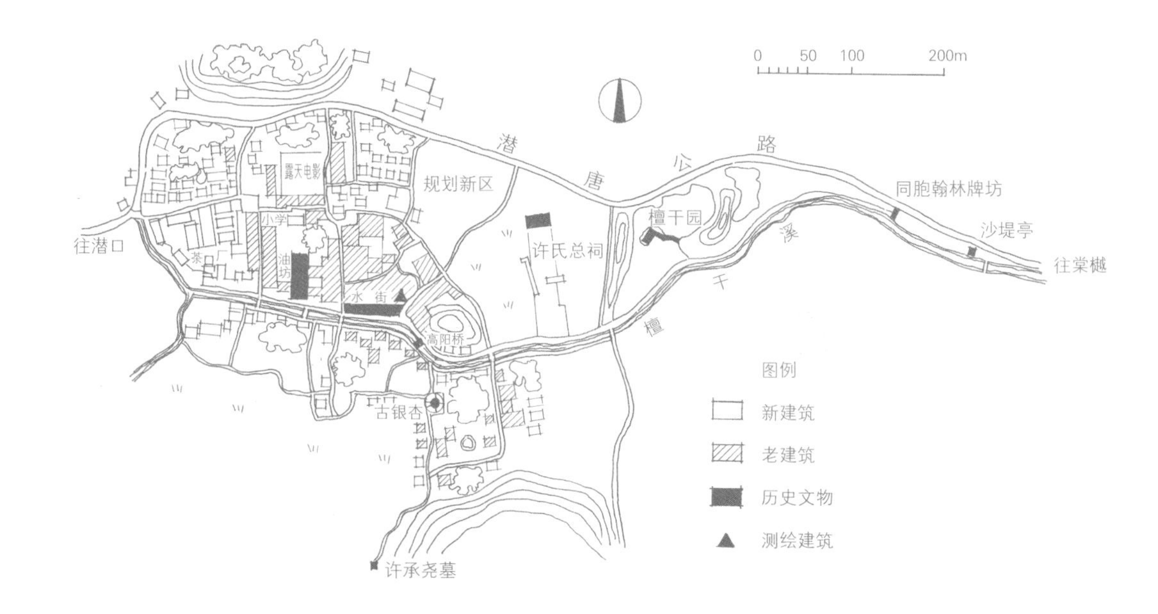

图1-2 唐模村总平面图

唐模村的选址和布局是由祖辈规划和设计的，采用了中国传统的风水理论，至今格局完整，是徽州村落中自然环境和人文景观很好结合的一个实例。

南宋淳祐五年（1245年）许姓氏族落户唐模，历数十代繁衍生息，人丁兴旺，居村中大姓之首，明清之际，鼎盛一时，发展为“一祠三厅”，即村中设有一个总祠堂，下设三个子祠，许姓成为唐模主体。1949年，全村人口约四五百人，经过几十年的生聚养息，至1990年全国第四次人口普查时，全村总人口已达1565人，成为黄山脚下、歙县境内的有一定规模和知名度的村落。

历史上的徽州有“无徽不成商”及“徽骆驼”的美称。明清时期，唐模人的经商也是出了名的，尤以盐业典当为盛，如清代许凝德在扬州有“盐务太翁”之称，许天赠任两浙都转盐运使司都运使。乾隆时村里有一许氏巨商，人称“许翁”，在江浙开设当铺，拥有三十六家，人称“三十六典”，因子弟不孝，挥霍无度，遂决意关闭店铺，将十几世的积蓄，数

图1-3 唐模村水口
徽州村庄的水口是指流经村庄的水流出口，一般位于村庄的东南方。这儿水源充足，树木茂盛，风景极佳。当地利用水口建造园林、灌溉庄稼，形成了村庄入口的景观。

百万资财，悉数散给店铺伙计，此事轰动一时，清代俞曲园的《右台仙馆笔记》中记载了“许翁散财”的故事。

经济上有了一定的实力以后，徽商便投资于公益事业，首先是兴办学校，培养弟子，走科举之路，并造就了一批人才，带动了地方上的发展。清康熙丙辰（1676年）和乙丑（1685年）年间，许承宣和许承家同胞兄弟，相继高中进士，实属罕见，朝廷予以表彰，在唐模村口树“同胞翰林”石碑坊，全村引以为荣。光绪甲辰（1904年）许承尧中进士，钦点翰林庶吉士，后辞官返乡，创办新学，成为近代新安地方史学家、诗人、收藏家、书法家和教育家。他总撰了《歙县志》十六卷，撰写《歙事闲潭》三十一卷。

唐模村的选址布局是由祖辈自行规划和自行设计，并按照中国传统的风水理论来建设的，它把自然环境与人文景观和谐地结合在一

图1-4 进村主路

过了“同胞翰林”牌坊后，从牌坊到村内的水街是一条石板路，沿檀干溪水蜿蜒，曲径通幽，石板路宽1.2米，它是村民进入村内的一条主要道路，沿途风景优美，路北有“檀干园”。

图1-5 唐模水街/后页

水街是全村的中心，南北两侧是村庄的集聚处。此图是从东向西看的街景，这里环境宁静，给人以世外桃源之感。

起，体现了中国传统思想中的“天、地、人”三者的统一。游览全村处处可以看到精心规划和建设的匠心所在，从村的入口到出口，长约1.5公里，距村入口沙堤亭的0.5公里是水口，檀干溪在此出村，转入河道。沙堤亭为村民和过路人歇脚之处，过沙堤亭经过一段石板路，便是村庄的大门，村民荣耀所在——“同胞翰林”牌坊。穿过牌坊，路随溪转，右手是一片荷花塘，正是“檀干园”，靠近园的西部是一片开阔的平地，这里是许氏总祠堂的旧址。沿溪再向前走，便可见到散落的村庄建筑，转过弯，一幢古建筑横跨在溪上，形成了桥廊，它的西面，便是全村的中心——水街。水街的南北两侧是村庄集聚处，建筑栉比，人烟辐辏，一派世外桃源景象。

图1-6 晚归的村民

夕阳西下，暮色苍茫，收工的村民正急急忙忙往家里赶。自行车在山区仍然是村民必不可少的交通工具。

二、悲离欢合的村口

图2-1 村口
从棠樾到唐模村是一条简易的公路，临近村口与檀干溪水同行。远景是黄山余脉，中景是八角亭，近景是溪流，组成了不同的景深。

图2-2 村口八角亭/对面页
村口四方八角的沙堤亭缘溪而立，成为入村的第一站，行人可在此休息、避雨。村民喜爱八角亭，夏天常在这里纳凉和谈天。八角亭重檐三滴水，造型优美，为徽州区重点保护文物。

徽州村落的入口便是村庄的界限，驻足停留及风景观赏点，具有明显的标志与标志性建筑，如亭或牌坊。村口的位置往往与水口，即流经村庄的溪水出口联系在一起，成为村庄的门户。这儿绿荫蔽日，风景极佳，亭台楼阁甚多，形成了徽州村落特有的人文与视觉景观。唐模村口的四方八角的沙堤亭缘溪而建，成为入村的第一站，供过往行人歇脚、避雨和纳凉，是一种路亭。古代《释名》：“亭，停也，人所停集也”，所谓十里一长亭，五里一短亭，长亭送别，古往今来演出多少人间悲离欢合。徽州的路亭结合了当地的风情，请名人撰写匾额和楹联，文人墨客路经此处暂停休息，品味联额，观赏景致，借景发挥，即兴作诗于墙上，路亭便成了诗亭。村民们在耕作之余，在此下棋、纳凉和谈天，路亭成为村民喜爱的去处。迎送亲朋，婚丧嫁娶在此歇脚，执手相望千言万语尽在不言中。

图2-3 沙堤亭檐角

沙堤亭的屋顶采用歇山，飞起的檐角层层挑出，给人以轻巧、舒展的感觉。角脊的脊头为鱼龙，共计十六条。飞檐的角下悬挂铁马。

图2-4 由亭内向外看

坐在沙堤亭内，透过半圆形的拱门向村内看，一条石板路通向牌坊（位于大树后方）。拱门像一个取景框，远山近景尽在眼底。

唐模村口的沙堤亭建于清代，平面正方，重檐三滴水歇山屋顶，底层面阔三间，中间拱门，四周回廊，宽度4.14米，从底层地面到正脊的高度约10米，屋顶采用歇山，角脊的脊头为鱼龙，共计十六条，飞檐的角下悬挂铁马鸣铎，亭檐下方悬挂两方匾额：西书“云路”，东书“沙堤”，沙堤亭由此而得名。沙堤亭南面12米处，有一古樟树，浓荫遮日，大树下有一座桥，桥面三折，俗称“蜈蚣桥”，桥面宽约1米，溪水穿桥而过，流向村外，环境十分幽静。清代康、乾年间方西畴曾留有《新安竹枝词》一首写其景色：“故家乔木识梗楠，水口浓郁写蔚蓝，更著红亭供眺听，行人错认百花潭”。坐在亭内，远可见黄山身影，近可见牌坊。过沙堤亭，有一条宽约1.2米的石板路面，蜿蜒通向村内。

村民偏爱沙堤亭，它是唐模村的入口标志，一些古典题材的电视剧或电影也选择这座造型奇特的亭子作为剧中的场景。1990年沙堤亭由黄山市徽州区列为重点文物保护单位，上层檐角由于年代久远，木质剥蚀，已有倾斜，1991年由地方政府申请专款维修。

三、村民的荣耀

图3-1 "同胞翰林"牌坊
牌坊立于村口，跨路而建，四柱三间三楼，面阔9.6米，高约12米，它是朝廷为表彰许承宣、许承家同胞兄弟相继中进士、点翰林，于1686年建造。牌坊用青石制作，工艺水准很高，被列入黄山市文物保护单位。

歙县的牌坊、民居和祠堂同赞为"歙县三绝"。石牌坊以历史悠久，造型独特，保存完好而著称，如歙县城内的许国石坊、棠樾的牌坊群都是杰出的实例。明清徽州的牌坊大体分为标志坊、功德坊和节烈坊，以宣扬忠孝节义等封建伦理道德，以表彰英烈，警示后人，光宗耀祖，流芳百世。每一座石坊的背后都有一段不寻常的故事。唐模村口的"同胞翰林"牌坊说的是许承宣、许承家同胞兄弟相继中进士、点翰林，朝廷特予嘉奖，赐建牌坊，成为全村的荣耀。

明清时期歙县人才辈出，据《歙事闲潭》记载，清代歙县籍有"大学士四人，尚书七人，侍郎二十一人，都察院都御史七人，内阁

a

b

图3-2　“圣朝都谏”横额

牌坊正面书“圣朝都谏”，朝向村内的背面书“同胞翰林”。下面是表文书，额坊采用月梁形式，梁上浅刻图案，有亭、桥和自然风景。

学士十五人，状元五人，榜眼即一甲二名二人，武榜眼一人，探花即一甲三名八人，传胪即二甲一名五人，会元三人，解元十三人，进士二百九十六人，举人约近千人。”当地有“连科三殿撰，十里四翰林”的传说，清乾隆年间歙县人金榜和休宁人黄轩、吴锡令，分别于乾隆三十六年、三十七年、四十年，接连三科中了状元，称为三殿撰；“四翰林”指的是歙西潭渡人黄崇惺，西溪人汪运纶、郑村人郑成章、岩寺镇人洪镔，分别在同治四年和十年都考中了翰林，他们四人家住丰乐河边，相距在十里之内，人们称为“十里四翰林”。

在这样一个浓郁的历史和文化氛围中，清代康熙丙辰（1676年）和乙丑（1685年）

图3-3 雄狮捧球
牌坊正中的两侧有狮一对，一雌一雄，雄狮双脚捧球，形态憨实。工匠采用了传统的圆雕和透雕的手法，很好地表现了雄狮的神态，形神兼备。

图3-4 喜鹊登梅图
牌坊的基座的四周有浮雕图案，其中喜鹊登梅为喜闻乐见的题材，此处寓意许氏兄弟先后中进士、点翰林为双喜临门。雕刻采用了浅刻的手法。

年间，许承宣和许承家同胞兄弟在先后的会试中了进士，钦点翰林，这在当时的科举时代甚为罕见，轰动一时。许氏兄弟的父亲许明贤是唐模人，为皇清敕赠工科给事中崇祀乡贤。许承宣为康熙丙辰科会试第十六名，授翰林院庶吉士。许承家为康熙乙丑科会试钦定第六名授翰林院庶吉士。当地誉为“四世簪缨，一门风雅”，“时推为江左巨室，兄弟并有才名”，一时传为佳话。

“同胞翰林”坊矗立于村口的第二站，位置显赫，它跨路而建，四柱冲天，三间三楼，面阔9.6米，自柱础石至柱顶约12米。牌坊的东面正中书“恩荣”匾额，横额“圣朝都谏”，西面朝向村内书“同胞翰林”。下面的额坊有表文和康熙二十五年（1686年）地方官员建造牌坊的题词和人名。

牌坊正中东西面各有一对石狮，一雌一雄。雄狮捧球，雌狮逗弄幼狮，十分可爱，两侧柱前有抱鼓石一对，基座四面浮雕图案，题材广泛，有龙凤、仙鹤、鹿、海马等动物，有荷花、茶花、灵芝、松树等植物；还有如意、云纹组成的纹饰。上部额枋处刻有麒麟、凤凰、虎、豹、山鸡、猴、兔等动物，雕刻形象生动，手法洗练，表现了工匠的高超技艺。

牌坊采用青石制作，石质坚硬，历经三百年风雨完好无损，甚为难得。徽州地区原有石牌坊约1000座，现存118座，集中于歙县。同胞翰林坊是其中保存较好的一座，其造型和雕刻具有较高的艺术水准，被列入黄山市文物保护单位。

许承宣和许承家同胞兄弟双双中进士、点翰林和他们父亲许明贤的教育和培养有相当的关系。许明贤经商于扬州，为人忠厚，乐善好施，教子读书与交友注意方法。他对文人编辑的时文不屑一视，曾当着众人面投入江中，认为无益，不必钻研。他乐于助人，三次被举荐为乡饮大宾，以八十五岁高龄去世。

图3-5 基座下的力士像
力士用在古建筑的台基处，支撑起上部的重量，头顶肩负，调动全身的肌肉和力量，刻画生动，形象饱满。

四、老母亲的小西湖

离开“同胞翰林”牌坊，沿着进村的石板路，向前走约二百步便来到一口池塘，夏季里满塘的荷花，衬映在碧绿之中，显得生机盎然，池塘正中有房数间，曲桥连接，这里便是人称老母亲的小西湖——“檀干园”的旧址。

说到檀干园，不能不提起当地的一个传说。檀干园系村中许氏富商、人称“三十六典”的许翁为母亲修筑，布局和景点仿杭州西湖，有小西湖之称。根据《歙县志》记载，“檀干园在唐模，昔为许氏文会馆，清初建，乾隆间增修，有池亭花木之胜，并宋明清初人法书石刻极精”。许翁的母亲长年住在村上，想往杭州西湖一游，但苦于年事已高，出门不便，加上关山阻隔，交通困难，经不起旅途的颠簸，故难以成行。许商事母至孝，体察母意，为实现老母的愿望，想出一个两全其美的办法，他在村口利用天然地形，挖掘池塘，引入檀干溪水，修建园林，建造亭台楼阁，模仿西湖的景观，如“三潭印月”、“湖心亭”、“白堤”、“玉带桥”等，用心良苦，建好后供母娱乐，成为许氏接待客人的会馆，同时也为村民的休息娱乐提供了一个好的去处。

图4-1 夏日中的檀干园

檀干园是清初村上许氏富商、人称“三十六典”的许翁为满足母亲的愿望而修建的，它是典型的徽州水口园林。夏日中满塘荷花，给人以清新的爽意，小桥通向园林深处的镜园。

图4-2 檀干园池岸
园林中的池岸贴水而建，给人以亲近的感觉，池岸的岸边用不规则的石头铺砌，贴近自然，更具田园野趣。

昔日的檀干园，池台花木盛极一时，它是一座较为典型的徽州水口园林，设计结合了村落的布局、道路的景观和水口的自然环境，将山水、田园和建筑融为一体。水口园林的产生，与历史上徽商经济的发展、新安画派及徽州的民间建筑艺术有着密切的联系，具有浓厚的地方特色。与明清江南私家园林的人造自然景观相比，更增加了田园风光的野趣。檀干园内“三塘相连，宽亘十亩，灌田六十亩”，以水面为中心，凿水为壕，挑堤种柳，有桃花林环抱三塘，春季花色烂漫，颇似西湖白堤。湖心有“镜亭”，造型小巧玲珑，亭壁上镶嵌了宋明以来的著名书法家碑刻十八块，集正草隶篆诸体，石刻精备。镜亭柱上长联形象地描绘了小西湖的四季和村庄的景色，上联“喜桃露春浓，荷云夏净，桂风秋馥，梅雪冬妍，地僻历俱忘，四序且凭花事告”，下联“看紫霞西耸，飞布东横，天马南驰，灵金北倚，山深人不觉，全村同在画中居”。檀干园的主体建筑是“确皋精舍”，俗称六间，规制宏敞，四周

图4-3 檀干园镜亭/上图

位于檀干园的湖心，亭壁上镶嵌了自宋明以来的著名书法家碑刻十八块。镜亭柱上有长联一对，描绘了小西湖的四季和村庄的景色。

图4-4 远眺檀干园/下图

从檀干溪的对岸，原大树亭的遗址眺望小西湖，夏日里满塘碧绿，满塘清香。檀干溪与园林相依相存，形成了优美的自然景观。

花木扶疏，室内陈设徽派盆景，窗明几净，环境素雅，休憩宴饮，浓淡相宜。

从檀干园沿溪西行，有一座南北向的石桥，俗名“灵官桥”，桥下潭水里有三个圆形深坑，被村民比作西湖的“三潭印月”。桥南原有一座魁星楼，又名灵官殿，倾圮后在遗址上建起一座大树亭，与镜亭隔湖相望。大树亭呈半圆形，依山傍水，玉栏临风，夏日登临，俯瞰荷塘，别有风味。

“溪流无岁月，堤树有春秋”。檀干园历经沧桑，几经浩劫。自许氏“三十六典”式微以后，檀干园管理修缮的经费由许氏宗祠在祠产中支付。抗日战争期间，右任中学内迁，借作校舍，作过一些修葺，直到1949年，基本保存完好，但由于年久失修，一些景点已经消失。随着旅游事业的发展和唐模村的开发，檀干园终将得到复原修复，并向世人展示自己的风姿。

图4-5 村民绘制的复原图
唐模村许朝荣老人自幼喜爱建筑，但从未进过学校接受正规的训练，他根据自己对建筑的认识和对家乡的热爱，绘制了水街复原图和檀干园的复原图，此图是他回忆并加以想象的檀干园。

五、王道文化的表现

图5-1 许氏宗祠/前页

许氏宗祠又称总祠，位于村首，规模很大，有泮池、门厅、享堂、寝堂，周围回廊、高墙。门厅和享堂毁于太平天国战火，剩下最后一进寝堂，前面建筑为后来加建。

始建于唐武宗时期（840年）的唐模，自南宋理宗淳祐五年（1245年）起，由于许姓的落户，整个村落有了一个较大规模的发展，延至明清两代，许姓发展至一祠三厅，乾隆年间，鼎盛一时，许姓成为唐模的主姓。村中遗留的族谱资料表明，许姓在百家姓中序列第二十位，唐高宗时被封为高阳郡公，来歙县定居后，旧谱割断，定为一世。五世至宾，迁至许村宁泰乡，再割断定为一世，称作西许。传十三世珪，珪妻为范塘程氏，生有一子名桂二。七年后桂二八岁，程氏去世，遂将桂二托付唐模之姐程氏抚养，这是公元1245年，桂二成为许姓在唐模的第一代始祖。桂二生于南宋嘉熙二年（1238年）四月二十八日子时，殁于元延祐五年（1318年）五月十三日未时，享年八十一岁，族谱称桂二公，延续至今。桂二成人后娶石桥吴氏，生子应一、应二、应三，这是许姓在唐模的第二代；应一生子丙一、丙二，为三世；丙一生嘉公、应公，为四世；应公为上门荫祠承恩堂之始，即现存的许氏总

图5-2 许氏宗祠寝堂

寝堂是祠堂中存放祖先牌位之处。许氏宗祠保存寝堂七间，基本完好，建于清中期，在当地为最高等级的建筑，现已废弃，作为村上杂屋。

图5-3 尚义厅的大厅
尚义厅是许氏宗祠的子祠，位于水街西侧。自1982年以后辟为村上的油坊，大厅的内部改建作为油坊的车间，此图为外景。

祠，嘉公为下门嘉祠承德堂之祖。应公生子善荫、福荫、积荫，为五世，福荫为子祠骏惠厅起祖；善荫生子辛童、绵童，为六世，分别为子祠尚义厅、继善厅的起祖，这是唐模村许氏一祠三厅的由来。四世嘉公一支一直单传，二十三世至许承尧（际唐）。一祠三厅各支繁衍更旺，形成了唐模村的众多人口，值得注意的是，唐模建村的始祖汪氏虽在本村人口不多，但其后代却影响了素有“小桃源”之称的黟县宏村。

宏村原名弘村，建于南宋绍兴年间，村上的汪姓系歙县唐模的分支，六十六世彦济公一支迁居落户宏村，对该村进行了很好的规划，村庄逐渐兴旺起来，成为与唐模同宗同祖的姐妹村。宏村的自然景观和人文景观极佳，笃信

图5-4 继善厅寝堂
继善厅是许氏宗祠的又一子祠，位于水街的北面，与新建唐模小学为邻。大厅已毁，寝堂三间保留下来，用作小学的教室。建筑两端有高大的封火山墙。

风水的汪氏祖先充分地利用了这块风水宝地，三次聘请著名的风水先生审察山脉与河流的走向与形势，认定宏村的地理风水形势是一卧牛形，并按照牛形着手进行村落的总体规划与改造，先在村中建一月形的池塘，作为牛胃，开凿水渠作为“牛肠”贯穿全村，后来又将村南百亩良田开挖成南湖形成另一容量更大的“牛胃”，这种科学的水系设计，改造了宏村的生存环境，宏村的发展得益于汪氏祖先的统一规划与建设，并为后代留下了一笔宝贵的历史文化遗产。

在我国长期的封建社会中，形成了以礼为核心的宗法制度，民间采用尊神祭祖的形式来缅怀前贤，告诫子孙，以维护宗族的延续和团结，民间建造祠堂来供奉家族祖先。宋代朱熹在《朱子家礼》中修订和完备了祠堂制度，祠堂“居于正寝之东，设置四龛，以奉高、曾、祖、考四世神主”。在我国南方经济发展地区，官僚士大夫和宗族置族田，建祠堂，修宗谱，形成了特有的祠堂文化、经济和建筑。

图5-5 许氏宗祠寝堂梁架/上图

建筑进深很大，在大厅的前部回廊下增加了轩梁，以点缀大厅入口的顶部，轩梁采用了月梁的形式，梁端辅以木雕。

图5-6 许氏宗祠寝堂木雕/下图

徽州的木雕在建筑中广泛运用，如梁头、替木等处，此照片为梁架、额枋和石柱的结合部位，梁头下斜撑的雕刻采用圆雕和透雕，十分精致。

在礼仪之邦的徽州，“其为族居，必有祠堂”。明清时期，当地的宗族修建了大量的祠堂。距唐模村不远的潜口，现存的明代祠堂就有司谏第、曹门厅、中街祠堂、乐善堂、金紫堂五座之多。这些祠堂的形成也推动了村落的发展和家族的兴旺。在唐模最早落户的汪姓，在村西北一里处建有“汪氏十六族宗祠”，又名山泉寺。建筑分三进，第一进为门厅三间，内有回廊天井；中进为举行祭祀的大厅，称享堂；后进为寝堂，供奉祖宗神主牌座，中间是神龛，为唐封越国公汪晔的雕像。每年农历三月初三各族后裔在此聚集并举行祭祖活动。在南宋绍兴年间，汪姓一支六十六世彦济公迁至黟县的宏村，规划和建设新村，经数十代村庄逐渐兴旺，形成了自然与人文景观极佳的村落，与唐模为同宗共祖的姐妹村。

自宋以来，唐模的许氏兴旺，祠堂颇具规模，形成了一祠三厅。总祠在村首，即许氏宗祠。下有三个子祠，分别是骏惠厅、继善厅和尚义厅。许氏宗祠，又称荫祠、承恩堂，占地十亩，现保存寝堂七间；尚义厅被村上油坊占用，保存尚完整，有门厅、大厅和寝堂五间；继善厅被小学校占用，剩最后一进寝堂；骏惠厅已被改建，作为民居。

祠堂作为祖宗的象征，关系到宗族的兴旺，它的选址必然受到风水的影响，“坐下龙脉，有形势，有堂局，有上砂，有结构，有明堂，有水口”，见《宅谱指要》。唐模的许氏宗祠建在村首，与村口沙堤亭、牌坊、檀干园

图5–7 许氏宗祠前的广场

许氏宗祠前是条石铺砌的甬道，甬道长约百十米，路幅很宽，前面的大门、大厅虽然已毁，但站在广场上依然可以想见当年祠堂的宏伟与壮观。

以及水街形成了一个完整的村落骨架。宗祠面临檀干溪是石栏板，结合溪流形成泮池。泮池的北面是大门，大门前有下马石，双扇板门上有门神像，以示护守。大门的门槛很高，象征步步高。进入大门后是天井，中间是条石铺砌的甬道，两侧是回廊，挂有一百多块匾额。天井后是大厅，即享堂，享堂后是寝堂，祠堂的周围有高墙，形成了一个封闭的空间。除了祭祀拜祖外，婴儿出生、第二年的初一，也要在这儿上谱，正式成为家族后裔。族里开会，由总祠的祠总召集其他三厅的厅长，加上族里有名望的士绅，数人聚集在祠堂内，讨论和决定村上大事，形成决议后，口头传达，并无告示。

许氏宗祠的建筑在一百多年前受到了很大

图5-8 从许氏宗祠看唐模村落

站在许氏宗祠前眺望唐模村落，蓝天下，绿野上，白墙黑瓦尤为突出，与大自然融为一体，宛如一幅山水长卷。

的破坏。清咸丰同治年间（1851—1874年），太平军与清军在徽州拉锯战达十年之久，使该地区遭受自古罕见的灾难。大门和大厅已经无存，最后七间的寝堂保存尚完整，梁上和檐下雕刻精细。寝堂前保存了大片开阔的青石铺地，站在这儿，可以想见当年祭祖的盛大场面。

唐模村还有淑女祠，为没有出嫁、待阁的姑娘建造。这种女祠也是徽州的习俗，如唐模附近的棠樾保存女祠一座，五间三进有相当规模。许氏淑女祠位于村口沙堤亭的西山坡上，隔溪相望，檀干溪上有一曲桥，即“蜈蚣桥”，连接淑女祠和村口。

许氏宗祠在附近的自然村有田产（公产），分布在周围的村庄，像唐美、胡村、后坞窑、山泉、水杨，每年的收入有稻谷数百担。秋收时节，附近的佃户将稻谷送至许氏宗祠的租场，过斗验收。公产的收入，大部分用于本地的办学和祠堂的祭拜祖先，表彰贞节和每年的九月“保安会”活动。祭祀分春、秋二大祭，春天的农历二月十五“龙抬头”，秋天的七月十五“鬼节”。九月的“保安会”是一个大型的活动，其意祈求上天保护全村的大小平安。

许氏宗祠在团结家族、兴办教育、村庄的建设和灾年的赈济上发挥了一定的作用。晚清进士、翰林院编修许承尧在当地具有很高的声望，回乡后曾任祠总，以许氏宗祠的部分收入创办村上小学。1934年，歙县一带春秋大旱，庄稼无收，当地百姓自发组织求雨活动，祈求甘霖。面对严重灾情，许承尧捐银一千元，许鸿卿捐五百元，浚塘修碣，储食赈饥。第二年青黄不接，荫祠又拨出了储存的稻谷，加工后以市价的一半卖给灾民和贫民，对人心的稳定、灾情的缓解起了相当大的作用。为此村上人立碑志德，颂扬二公。

六、小桥、流水、人家

图6-1 唐模水街高阳桥/前页
高阳桥是水街的主桥，始建于清初1733年，位于水街的东头，为双石拱券桥，桥长7米，桥身上建小殿三间，图为高阳桥的西立面。

水街的形成利用了天然的溪流——檀干溪。檀干由锜各和陈村二小溪在村西口汇流，穿村而过，流向村东南的水口，形成宽约7米，长约1500米的河道。全村被河道分成南北两大部分，北面是唐模的主姓许氏居住，南面是汪姓和吴姓居住。水街的两侧有青石铺筑的街道，北面临水部分覆盖长廊，形成水街的商店和村民休息处。溪水上架设了多座石桥，便于南北两岸的交通。水街的驳岸、护坡、临水的街道以至跨河的桥梁都使用了大块的石条，驳岸用红砂岩砌筑，道路和桥梁用青色石料，采自浙江的庄源。

图6-2 高阳桥檐下的斗栱
高阳桥上建筑精美，檐口下有斗栱，出三跳，第一跳和第三跳为偷心（即无横拱），柱间绘有彩画，做法具有地方风格。

图6–3 水街的整流坝

为了利用檀干溪水，村民在溪水流经村中的数处建起整流坝，以抬高水位、分段蓄水。水街的整流坝利用活动的闸板将水位提高，便于村民洗濯之用。

檀干溪的走向利用了自然的地形，体现了中国传统的风水理论。我国地形西北高、东南低，水流从西北流向东南，西北称天门，东南为地户，东南巽方为水口即为吉方。水口一般指水流出入口，处于山脉的转折处或两山之间环绕处。这儿绿树成荫，环境幽雅，形成了自然或人工的园林。

在苏南的大运河地区，当地结合运河交通、灌溉和生活，沿河夹建水街，布置码头、商店和住家，小船四通八达自由出入，形成了

图6-4 檀干园侧的整流坝
此处整流坝位于檀干园南侧，溪水在这儿形成自然落差，以利于檀干园池塘和周围田地的用水。

苏南运河城镇的一大特色和景观，如吴江的同里、昆山的周庄和浙江的绍兴等。水街在江南水乡城镇并不罕见，但在徽州的丘陵或山区就显得别具一格。虽然它不能用作舟楫通航，但在村中却可作为灌溉、排水以及观赏之用。水街利用了天然的地形，调节水的落差和流量，流经村中的一段保持在一定的水位高度以利于洗濯和使用。水街中的水来自山泉，不分昼夜，川流不息，为全村的命脉。村民珍惜它，爱护它，不向溪中倾倒垃圾和杂物，以保持溪水的清新。

村民们为什么偏爱这条水街。因为它有小桥、流水、人家，十余座不同形式的桥梁分设在一公里的溪流上，各具名称和特色。第一座建于村口八角亭一侧，桥身三折，俗称“蜈蚣桥”；第二座名“五福桥”，靠近檀干园大门；第三座名“灵官桥”，是一座拱桥；第四座名“义合桥”；第五座名“高阳桥”，又名观音桥，是水街入口的廊桥，进了水街还有五座桥，每隔二三十米设一座，极大地便利了两岸的交通。

高阳桥是唐模水街中的主桥，桥洞为双石拱券。“高阳”得名于许氏祖先出自高阳郡。桥身建于清雍正癸丑（1733年），维修于嘉庆年间，拱桥长7米，桥面上建有五开间硬山小殿，殿内彩绘天花板，四壁有彩画，色彩艳丽；东西两面有栏杆，上部装有槅扇；檐下有彩绘，柱头上端斗栱出三跳。西面的檐下，悬挂“高阳桥”匾额，两侧柱有楹联一帧：“南海岸来一瓶甘露，高阳桥渡千载行人”。作为古迹，高阳桥已被列入县级文物保护单位，现辟为村民委员会办公室。

为了更好地利用这来自上游的天然溪流，村民在水流经过村中的部分建起整流坝，以调整水流，合理取水，并分别在高阳桥前、檀干园侧和出村口建造了几处落差较大的坝碣。每当暴雨后，溪水漫过坝顶，泄洪入下游；天晴时，则分段蓄水，分配水源，细水长流。1985年，针对多年来檀干溪未彻底疏浚，河床淤塞，河岸坍塌，水质龌龊，村委会组织村民利用冬闲水浅义务清淤，自此以后，溪流清澈，村容改观。

图6-5 高阳桥前的村庄/前页
村民沿檀干溪建造了住宅，临街开门，门前的石板路通向村内的水街，此照片是从高阳桥向东看到的村庄。

临近高阳桥，沿河的两岸陆续多了一些新建筑，都是近年来新建的二层独立式住宅，与早期的深宅大院形成了对比。临溪铺砌了青石板路，一直通向村内，村民把溪水变成了他们生活环境的一部分。高阳桥的两侧有拱形洞门，穿过门洞，向前走几步，顿感豁然开朗，这儿便是全村的中心，有客厅之称的水街便展现在眼前。

七、全村的客厅

图7-1 水街长廊

在高阳桥内的一段水街，临水设置了长廊，将街道、河岸和长廊合为一体。长廊位于水街的北面，形成了良好的景观。

从高阳桥上西望，便是唐模水街的中心地段，这一段长不过百米却集中了水街的精华，临水长廊，覆盖了过往的街道。檀干溪水从西面的村口流经这儿，在高阳桥下转折，形成一个较大的落差，流向东南的村口。水街的景色别致，具有浓厚的江南水乡色彩，在徽州的山区村庄可算是绝无仅有。村里的老少喜爱集中在这儿，休息聊天，当作自己的家门口。水街的形成与清初"三十六典"的许翁有关。当年为修建檀干园，许翁投资疏浚河道，修筑驳岸，在靠檀干溪北的一段街道上覆盖长廊，成为村民遮风避雨、休息纳凉的好去处。这一段临水的街道形成了村中的商业中心，有杂货店、百货店、小吃店、裁缝店，还有村办的诊所。每天早晨，村民们把自己地里的新鲜蔬菜摘下来拿到水街叫卖，豆腐坊清晨磨出的豆腐和热腾腾的豆浆，小吃店现做的早点吸引了村民和儿童。村上人杀了猪，猪肉也拿到街上的肉铺来卖，外地的商贩亦在此招揽生意，这一段成为村上的黄金宝地。村里共有杂货店八家，百货店一家，小吃店两家，理发店两家，面店两家，豆腐店三家，肉铺一家，裁缝店两

图7-2 人来人往的水街

水街是全村的商业中心，村民除了在这里开店，还在路旁摆摊设点，招揽生意。这儿还是交通要冲，村民用独轮手推车运载货物穿行在村内小巷。

图7-3 水街美人靠

水街的临水处安装了美人靠（或称吴王靠），固定在廊柱檐下，靠背伸出向水面，成为水街的又一景观，在徽州的山区村落甚为罕见。

家。村民日常的柴米油盐、百货日杂乃至生活服务等需求都可以在村上解决。

村民们偏爱这条水街，街边临水安装了美人靠（或称吴王靠）。每天下午的三四点钟，这儿显得异常热闹：村民们干活回来，孩子们放学，老人们出来聊天，这里聚集了村上许多人，有的坐在美人靠上，有的蹲在地下，谈起村内外的事情或国内外大事新闻，天天如此。这里变成了村上的新闻中心，消息从这儿很快传遍全村。

图7–4 聊天的场所
村上的老人喜欢在水街聊天，每天下午的三四点钟，这儿聚集了很多人，或坐或立，谈论起村内外或国内外的事情，水街成为村上的新闻中心。

村民们喜爱水街的另一个重要原因就是它的冬暖夏凉，长期工作在这里的百货店职工透露了这一秘密。冬季晴天，坐北朝南的水街从早到晚都有太阳照射，夏天则相反，从早到晚都没有直射的阳光。从科学的角度来看，冬季的太阳斜射，廊子下可以照射到太阳，加之北面的店面建筑挡住了寒流，故冬日水街暖洋洋。夏天，临街的廊子遮阴，流水带走了暑气，这里显得格外凉爽，带檐的廊子晴天遮阳，雨天避雨。孩子们也喜欢这里，他们可以在廊下自由地玩耍，或跳入水中嬉水打闹。这一段的溪水不深，底为红色砂岩。高阳桥前的水坝，抬高了溪水，在这一段形成了平静的水面，水深保持在1.5米，利于村民的洗濯和孩子的游泳，形成了天然的游泳、洗衣及垂钓处。

图7-5 搭台唱戏的地方

水街的西头有一空场称为戏坦，旧时是村民们搭台唱戏的地方，当地的习俗在丰收的秋后邀请地方戏班演出，庆祝和热闹一番。

图7-6 水街街头/后页

水街是唐模村民喜爱的聚集处。

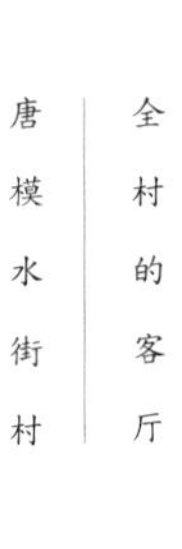

全村的客厅

水街融交通、灌溉、用水和休憩于一体，成为唐模的命脉和象征。水街两侧平行的街道夹拥河道形成了一个开敞空间，变成了极佳的景观，檀干溪水不分昼夜从西向东流经水街，使你感到生命的意义。水街南北侧街道联系十分方便，各具特色的平板式石桥横跨河面。从村西的第一座石桥到高阳桥前有五座桥。靠近水街中心的第三座桥叫戏坦桥，桥北侧原有一处容纳千人的鹅卵石广场。旧时常在此处搭台唱戏，办庙会，舞龙灯，故名戏坦。当地习惯于秋后庆祝丰收，村上邀请地方戏班，演出传统的徽剧和小戏。开演时异常热闹，广场上聚集了村民，卖茶、点心或水果的小贩穿插其间，有吃有看，孩子和老人都喜欢这一年中难得的时光。大戏一般要演上四五天，村上热闹一番，胜似过节。

八、小孩子读书的地方

——从骏惠书屋到恩美楼

图8-1 唐模小学的老校舍

多年来唐模小学利用许氏宗祠的子祠尚义厅为教室，老屋年久失修，条件较差。

在程朱理学流行的徽州，“商而兼士，贾而好儒”。村民注重幼儿启蒙教育，旧时办有私塾、书院，近代受西方影响开办新式学堂，为现代教育的先行。清末至民国初年，唐模有私塾或书院七处，利用家中的厅堂作为学生教堂。小的私塾有学生7—8人，大的在20—30人，唐模村中的骏惠书屋有学生20人，对于儿童的启蒙起到了一定的作用。私塾一直延续到抗战前。清朝末年，唐模许承尧先生离开仕途，弃职返乡，在当地兴办教育。清光绪三十一年（1905年），由许承尧先生的祖父许恭寿（品山）创设了敬宗小学，校名为私立敬宗两等小学堂，以许氏宗祠的部分稻谷充作办学经费，许姓学生免收学费，享受优惠。过了四年，贡生出身的许品山又于宣统元年（1909年）办了一个端则女校，专门招收女孩子入学，校址设在村上的礼门巷。女校经费除了许氏宗祠的稻谷收入，还由村人许德凝（扬州盐商）发起和资助的“救贫会”中拨给银两，作为办学基金。敬宗、端则两座小学堂聘请了当地的优秀知识分子出任校长和教员，课程开设国文、算术、史地等。女校还有女子修身、尺牍、珠算，颇具特色。两校在幼儿启迪、传播知识、反对封建迷信、提倡男女平权、反对男尊女卑方面，起到了积极的作用，开徽州女子近代读书求知的先声。1917年敬宗学校改名为唐模村私立敬宗国民学校，1918年，女校停办，并入敬宗国民学校。

从1928年直至抗日前夕，根据几次省督学的视察报告，敬宗小学在徽州名列第六，教学优良有目共睹。1938年易名为“丰山乡国民学校”。新中国成立后，改名“唐模中心区小学”，其优良传统保持不衰，历任校长和教师大都为中师毕业的老教师，每年升学率均为100%，单科成绩列学区或全乡榜首。目前，小学有六个班，教师九人。

多年来，唐模小学一直利用许氏祠堂的尚义厅为校舍，老屋失修，条件较差。1994年，由香港爱国同胞、黄山市荣誉市民沈炳麟先生发起并捐资兴建的“恩美楼”在唐模小学落成。沈先生捐资7万元，区、乡两级政府拨款5万元，加上其他社会各界人士赞助的1.3万元，共集资13.3万元，建造了三层578平方米的教学主楼。潜口镇徽派古建公司在造价低、质量要求甚高的情况下，毅然承担起建造“恩美楼”这一工程。从1994年3月3日破土动工到8月20日竣工，仅用了167天，一幢徽派风格的新建筑出现在唐模。这幢教学楼的建成，极大地改善了唐模村的办学条件。据悉，恩美楼是香港商人沈先生自捐资创建岩寺小学“庆同楼”之后的又一次奉献。

对于学龄前的儿童，村上由个人出资办了幼儿园，幼儿园设在自己的家中，在老师的辅导下，孩子们在这儿游戏、学习，为上小学打下基础。白天，孩子的父母外出打工、种田，孩子寄放在幼儿园或学前班，解决了家长的后顾之忧。徽州古老民居的厅堂很大，天井可以采光，为幼儿的活动提供了宽阔的空间。这种形式的幼儿园

图8-2 即将竣工的恩美楼

1994年，香港爱国同胞沈炳麟先生发起并捐资兴建“恩美楼”，这是一幢三层、面积为578平方米的教学主楼，具有徽派建筑的风格，恩美楼的建成大大地改善了当地的办学条件。

或学前班在徽州的一些城镇和村庄很普遍。

在回顾近代唐模村的儿童教育和徽州的中学教育时，许承尧先生功不可没。许承尧先生于清同治十三年（1874年）出生于唐模，幼年在家乡读私塾，光绪三十年（1904年）中进士，授翰林院庶吉士，有感于清末的外侮内患，遂有归志，1905年（光绪三十一年）自北京回到家乡，创立新安中学堂，帮助祖父先后创办敬宗小学和端则女学。1906年（光绪三十二年），创办紫阳师范学堂，培养师资，革命党人陈去病等来校教书，极力宣扬反清匡复。又与同盟会友组织“黄社”宣传民主思想。民国后在西北任职，1924年辞职归乡，专心研究地方史志，主编《歙县志》十六卷，辑《歙事闲潭》三十一卷。他关心国家大事，同情人民疾苦，著有《疑庵诗》十四卷。许承尧先生集教育家、史志学家、书法家、文物鉴赏和收藏家于一身，是安徽省近代的文化名人。他于1946年7月6日辞世后，原葬村西“翰林院”的“眠琴别圃”花木丛中，与妻胡宜人、女素闻合墓，“文革”中墓被毁坏。1984年，歙县人民政府拨款重修、迁至唐模前山，墓地居高临下，视野开阔。当时《黄山》旅游杂志全文刊登了《墓表》及有关重修的报道文章，许多名家文人相继撰写诗文，以纪念许承尧先生的治学及功绩。

九、亲切的空间

唐模的村民创造了一个优美的田园式村落，又在村内开辟了数条街道和小巷，建筑沿街布置，退进凸出，形成了弯弯曲曲的街道和广场空间。村民们利用这些街道的转角或房前屋后的空地进行绿化，搭起藤架，与墙内的高树花丛互相辉映。这些地方也是村民休息聊天之处，来往行人，相互招呼，增加了一份情感。村内中间有一块较大的空地为晒谷场，当夜幕降临，空场上拉起银幕，就变成了露天剧场，村民们在这儿观看农村流动放映队定期下乡放映的电影。

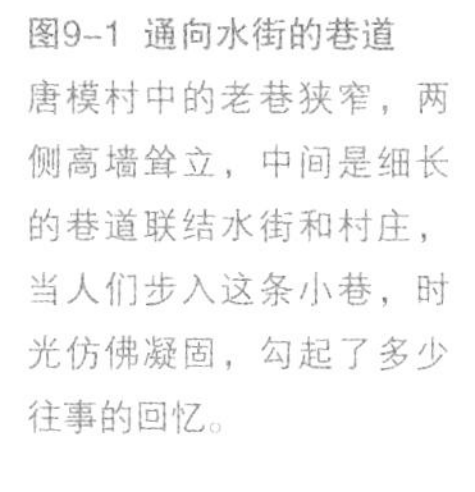

村内有古井五口，其中宗汪古井历史最为悠久。水街北面巷内有一口三眼井，井圈上凿

图9-1 通向水街的巷道
唐模村中的老巷狭窄，两侧高墙耸立，中间是细长的巷道联结水街和村庄，当人们步入这条小巷，时光仿佛凝固，勾起了多少往事的回忆。

图9-2 街道转角处/对面页
村民们利用街道转角处搭起了遮阴的藤架，点缀室外的空间，人们可以坐在屋后街角的绿荫下休息、聊天，这儿是属于村民们共享的小空间。

图9-3 村上的水井/上图

村民们利用檀干溪水洗濯和灌溉，吃水多用井水，古井边有井圈，这里是妇女汲水和洗衣的地方，成了她们一个户外的活动空间。

图9-4 变化的马头墙/下图

徽州民居的外观是高耸的马头墙，马头墙又称封火山墙，象征“五岳朝天”，层层叠叠的马头墙打破了封闭的建筑外观，给人以丰富而有韵律的感觉。

图9-5 寻常人家

唐模村民秉承了祖先徽商的文化传统，家庭中的布置透出了深厚的文化气息，老屋中间是客厅，正中布置了中堂、对联或字画，两侧的墙面是照片和书法，给人以怀旧之感。

有三个井口，可供数人同时使用。村上妇女每天在井口边洗衣、担水、聊天，这里是她们的一块小天地。

自中国近现代著名建筑学家刘敦桢先生20世纪50年代调查以后，徽派建筑逐渐为人所知，它像一颗蒙尘已久的珍珠，拭去尘埃，便熠熠生辉。徽州民居最显著的特点就是以天井为中心的内向庭院，四周高墙围护，五峰山墙耸立，大片的白粉墙与灰色的屋面形成强烈的对比。这种“四水归堂”的天井院落与“五岳朝天”的外观符合徽商“肥水不流外人田”和“财不外露”的心理。它的外观虽然凝重，给人以神秘感，但室内庭院的空间变化却给人以亲切近人的感受。唐模村内现有清代建筑几十座，采用了沿中轴线布置，两边对称的多进院落方式。常见的是三间三进或多进，第一进为门厅，第二进为接待客人的大厅，第三进为楼厅，楼厅的两侧为厢房。有的民居进深浅没有门厅，第一进的底层为大厅，后进的楼厅与左右厢房的上下前后贯通，形成了跑马楼的布局。大厅的布置隆重，中间“太师壁”上悬挂匾额，下挂中堂和楹联，壁前布置一长条案，案的正中布置盆景，东置花瓶，西置玻璃镜，有东平（瓶）西静（镜）之意，寓意家中太平宁静。案前有八仙桌，两边各置一把太师椅，东首为上座。楼厅的两侧为上房，作为主人的卧室，里面布置大床，床有木门，可以关闭，床前有踏脚，两侧放置灯台和马桶，犹如一个缩小的建筑物。门前靠窗的位置放梳妆台。杂物通常放置楼上。厨房位于最后一进或一侧。

为了丰富室内的空间，民居中广泛采用砖雕、木雕和石雕进行装饰。砖雕一般用来装饰普通住宅大门上的门罩、门楼或大门内的墙壁。砖雕图案的题材广泛，从封建的礼教故事到吉祥图案；木雕多用于梁、柱、斗栱、飞檐、门窗以至家具；石雕大多用于房屋的基础部位，变化最多的是栏板图案。

图9-6 许商老屋的平面图/对面页

靠近水街边有一幢老房子，它是许氏商人于清晚期修建的，有门厅、轿厅、大厅、楼厅、厨房、厕所、储藏等，布局完整，此图是实地测绘底层平面和家具布置图。

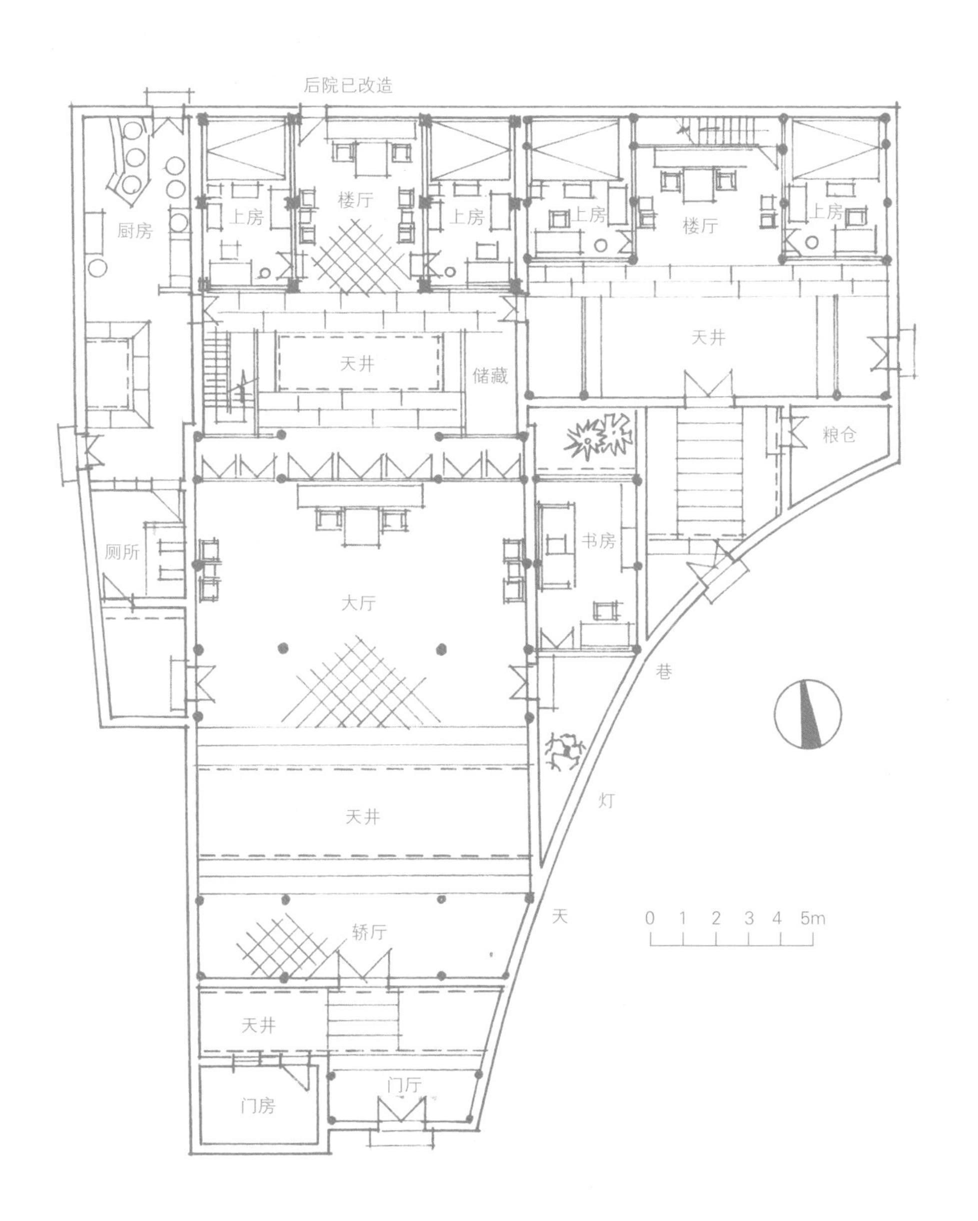

后院已改造
厨房
上房
楼厅
上房
上房
楼厅
上房
天井
储藏
天井
粮仓
书房
厕所
大厅
巷
灯
天井
天
轿厅
0 1 2 3 4 5m
天井
门厅
门房

图9-7 水街边的砖雕门楼/上图

砖雕门楼在徽州民居中普遍使用，装饰入口，是主人身份的标志，砖雕题材采用吉祥和寓意的图案。时至今日，村民在新民居中仍使用简化了的门楼。

图9-8 木雕窗格/下图

楼厅两侧的卧室，对外开窗处装上一片木雕的窗格作为装饰并遮挡视线，此种手法在徽州民居中很普遍，装饰图案多样，雕刻精细。

图9-9 屋檐下的天井

天井是老房子的采光、通风、排水之处，更是村民们在建筑室内的活动空间，面对天井的楼厅不设门扇，与天井相通，成为全家人生活起居，感情交流的一个重要场所。

图9-10 流经村中的排水沟

在村中街道的一侧，靠近老房子的墙根有石砌的排水沟，从内院天井排出的雨水和污水都汇集到沟里，流经全村，排入河道。

图9-11 古门板上的门神像

传统的民居大门多有门联装饰，以显示主人的治学修身之道。门神较为罕见，这扇古老大门上两个彩色的手执笏板门神依稀可辨。

室内的天井用青石铺成，有排水洞和地下阴沟通向室外，厅内的地面是方砖铺成，两侧的上房用木地板。砖、木、石这三种普通的建筑材料经过徽州工匠之手便被赋予了生命，居住空间也充满了生气，村民们在天井内布置盆景，将大自然浓缩于方寸之间。

徽商的后代有相当一部分人仍居住在祖辈建造的房屋中，他们的祖先盖得起，可是传到他们的手中却修不起。出于对老房子的情感和中华民族尊老爱幼的传统，祖孙三代住在一个屋檐下，互相照顾，其乐融融。相形之下，单门独户的新住宅虽然能够较好地满足人们的生活起居，却失去了许多人情味和乐趣。

十、走出家门，重振徽商

图10-1 茶厂的新住宅
为改善茶厂职工的生活条件，茶厂在村东盖起了一幢现代化标准的新住宅，采用了徽派建筑的外观，象征着唐模人的现代化意识。

图10-2 村上的油坊/对面页
1982年，为方便村民加工食油，在村上的尚义厅（许氏宗祠的子祠）办起了榨油的油坊，此处是油坊的入口，即尚义厅子祠的门厅。

清末以来，随着铁路的开通、城市的发展、现代工业的兴起，“徽骆驼”明显已经落伍，无法跟上现代化的步伐，田园式的生活也受到现代文明的冲击，传统的男耕女织仅能维持温饱。政府为了解决就业而利用当地的资源在这里办起了茶厂，属地方企业，1958年成立，1962年投产收益，场名是“地方国营歙县唐模茶场”，1989年改名为“黄山市徽州茶场”。该场拥有茶园9000余亩，年产粗制茶20万斤左右，茶质醇清，远近驰名。茶场在村西建有三层办公楼和加工车间3000平方米，村东为职工建起了四层的新住宅。茶场的建立为村上的闲散和多余劳力找到了出路，茶场的设施也服务于村民，居民用上了电灯照明和动力电，部分村民用上了自来水，场里的电话也为村民服务，茶场和村民的关系很好。

除了茶场外，村上有油坊一座，建于1982年。油坊设在村中的尚义厅内，业务是代客加工油菜籽和芝麻。加工的工艺仍然是传统的办

图10-3 工人正在榨油
唐模的油坊为满足村民的需要，仍采用传统的榨油方式，即将菜籽蒸后放入古老的檀木榨油机中，再由人工搬起沉重的木槌冲击木楔，挤压菜籽，将油榨出。

法，使用古老的檀木榨油机，菜籽放入后，加入木楔，用悬挂的大木段冲击木楔，通过挤压榨出菜油。每日可加工菜籽600斤，生产200余斤油。村民喜爱这种经土法加工生产出的菜油或麻油，称之为原汁原味。

村庄地少人多，成年男子外出打工，像木瓦工，以去江苏为多，女子去浙江私人纺织厂做工，村上私人买了四辆货运汽车跑运输。通过以上的种种方法，村民渐渐富裕起来，盖新房，娶媳妇，仅1994年村上就有二十几家建造新居。村委会在村东北划出二十多亩土地作为居民建房之用。与历史上的徽商相比，村庄的经济发展刚刚起步，从温饱向小康过渡，徽商的重振还需资金、条件和机会。

十一、有过去，也有未来

图11-1 早年的新民居
在20世纪六七十年代，唐模的村民利用村北部的空地盖起了二层的住宅，形式上仿照老的民居，外观较为封闭，但与整个村落以及老住宅仍相协调。

水街村有着一个轰轰烈烈的过去，村上保留至今的那些深宅大院向人们无言地讲述徽商发家的故事。由于经济上的原因，村民们无力去维修日见损坏的老房子，又想改善居住条件，曾有一段时间拆旧建新，利用老房子的材料来盖新居。但这种做法得不偿失，旧房子木结构的梁架、檩条、椽子年久腐朽，无法再加利用，青砖灰瓦也难用在钢筋混凝土的建筑上，因此村民另想办法，使用现代的材料建筑新房。20世纪六七十年代的新民居在外观和平面上仍继承传统，外墙封闭、开窗很小，有着高大的封火墙，两坡屋顶，白墙灰瓦，成了独家独院的楼房。20世纪80年代，受到外来的影响，村民建造开敞式的二层小楼，二上二下或三上三下（即建筑平面二间或三间），有挑出的阳台。90年代，村上的新居更多，每年都有一二十栋，近年来的建设更是达到了高潮。新民居的平面功能更为合理，外墙面贴上装饰面砖，上面有烧制的彩画，如黄山风景图。但新居缺少规划，建筑式样单一，图纸也是照搬照

图11-2 正在建造的新房/上图
近年来，村民经济富裕了，纷纷盖起了新居。新房采用了钢筋水泥的砖混结构，外观开敞，有挑出的阳台，但屋顶仍采用坡顶和马头墙。

图11-3 正在装修的新房/下图
村民在新房的外墙表面贴上面砖，局部的栏杆和屋顶的女儿墙用带有图案的新装饰彩画，如有黄山云海、松树的风景壁画，表现了村民美化建筑和环境的意识。

抄外面的流行式样。新房建设往往见缝插针，日照间距不足，虽然一时解决了住的问题，但传统的天井空间消失了，老房子里融洽的人情味也淡化了，从建筑文化和历史的角度来看，新房子缺少传统的韵味和自己的风格。

为了探索现代民居中的传统继承和发展，以体现历史的文脉和建筑的民族性和地方性，作者在美国学习与教学期间进行了有意义的研究，在深入调查唐模和徽州其他古老村落和民居的基础上，根据村庄的发展需要，规划了新区，设计了具有现代功能，又能体现历史和文化精神的新民居，受到了美国同行的好评。

近年来，水街村越来越受到外界的瞩目，来自美、英、日的专家曾数次专程来此考察，对于唐模村的优美环境、古老的建筑形式与室内的空间利用表示钦佩，同时希望当地村民珍惜和保护好这一珍贵的历史遗产和财富。黄山市已将唐模列入风景名胜的旅游开发区，制订了保护规划，在村的东北划出土地作为居民的住宅用地，以保护村内的古宅、街道以及环境。

21世纪，水街的村民更加重视村庄的保护、生活的改善以及环境的治理。村上民选的村民委员会对于村民所关心的问题如缺少公共厕所、没有垃圾处理场所、没有自来水以及丧葬、绿化和控制人口的规模都进行了深入的考虑，随着村上经济的发展将逐步解决这些问题。唐模的未来将会变得更好，这颗璀璨的明珠将会更加引人注目。

图11-4 唐模的新住宅群模型
为了探索一条徽州新民居之路，作者结合唐模村的调查和新区发展的需要，设计了具有现代功能，但保存天井和外观的新民居群。

大事年表

朝代	年号	公元纪年	大事记
唐	武宗	840年左右	汪姓五十五世祖汪思立从绩溪迁入，栽植银杏一株，存活至今
宋	绍兴	1131—1162年	唐模汪姓一支六十六世祖汪彦济迁至黟县宏村，为宏村建村之始
	淳祐五年	1245年	许姓始祖桂二落户唐模，娶妻生子，繁衍兴旺，形成唐模村主姓
清	康熙二十五年	1686年	为纪念许承宣、许承家同胞兄弟前后科会试中进士、钦点翰林院庶吉士，敕建“同胞翰林”牌坊于唐模村口
	雍正癸丑	1733年	水街建高阳桥，嘉庆十七年（1812年）维修，高阳桥至今完整
	乾隆年间	18世纪中叶	拥有“三十六典”当铺的许氏巨商，仿杭州西湖为母亲修建檀干园，同时疏浚檀干溪，建造驳岸
	光绪三十年	1904年	许承尧中进士，钦点翰林院庶吉士，次年返乡
	光绪三十一年	1905年	许承尧协助祖父许恭寿创建敬宗小学和端则女校

朝代	年号	公元纪年	大事记
中华民国		1943—1945年	“右任中学”在唐模办学，利用檀干公园内的建筑作为校舍
中华人民共和国		1958年	在唐模建立“地方国营歙县唐模茶场”，1989年改名“黄山市徽州茶场”
		1984年	歙县人民政府拨款重建许承尧先生墓
		1985年冬	村委会发动村民疏浚檀干溪，修整道路、桥梁和驳岸
		1995年元月	黄山市徽州区建设局申报将唐模划入省级风景名胜区

图书在版编目（CIP）数据

唐模水街村 / 汪永平撰文 / 摄影. —北京：中国建筑工业出版社，2014.6
（中国精致建筑100）
ISBN 978-7-112-16651-0

Ⅰ. ①唐… Ⅱ. ①汪… Ⅲ. ①乡村-建筑艺术-黄山市-图集 Ⅳ. ① TU-862

中国版本图书馆CIP 数据核字（2014）第061436号

责任编辑：董苏华 张惠珍 孙立波
技术编辑：李建云 赵子宽
图片编辑：张振光
美术编辑：赵 清 康 羽
书籍设计：瀚清堂·赵 清 周伟伟 康 羽
责任校对：张慧丽 陈晶晶 关 健
图文统筹：廖晓明 孙 梅 骆毓华
责任印制：郭希增 臧红心
材料统筹：方承艺

中国精致建筑100
唐模水街村
汪永平 撰文/摄影

中国建筑工业出版社出版、发行（北京西郊百万庄）
各地新华书店、建筑书店经销
南京瀚清堂设计有限公司制版
北京顺诚彩色印刷有限公司印刷

开本：889×710 毫米 1/32 印张：3 插页：1 字数：125 千字
2015年11月第一版 2015年11月第一次印刷
定价：**48.00**元
ISBN 978-7-112-16651-0
（24390）